U0589206

韩式
棒针衫由你编

谭阳春 主编

辽宁科学技术出版社
·沈 阳·

本书编委会

主　编　谭阳春

编　委　李玉栋　左金阳　贺梦瑶　郑云勇　王艳青

图书在版编目（CIP）数据

韩式棒针衫由你编/谭阳春主编. —沈阳：辽宁科学技术出版社，2010.10

ISBN 978-7-5381-6658-3

Ⅰ. ①韩… Ⅱ. ①谭… Ⅲ. ①棒针—绒线—服装—编织—图集 Ⅳ. ①TS941.763-64

中国版本图书馆CIP数据核字（2010）第171684号

─────────────────────────────

出版发行：辽宁科学技术出版社

　　　　　（地址：沈阳市和平区十一纬路29号　邮编：110003）

印　刷　者：湖南新华精品印务有限公司

经　销　者：各地新华书店

幅面尺寸：200 mm × 225 mm

印　　张：8.5

字　　数：50千字

出版时间：2010年10月第1版

印刷时间：2010年10月第1次印刷

责任编辑：众　合

封面设计：天闻·尚视文化

版式设计：天闻·尚视文化

责任校对：合　力

─────────────────────────────

书　　号：ISBN 978-7-5381-6658-3

定　　价：28.00元

联系电话：024-23284367

邮购热线：024-23284502

E-mail:lnkjc@126.com

http://www.lnkj.com.cn

本书网址：www.lnkj.cn/uri.sh/6658

目 录 CONTENTS

004 编织前必学的入门知识
008 清纯高领短袖衫
009 气质翻领拉链衫
010 俏皮纽扣衫
011 明媚修身衫
012 知性优雅中袖衫
013 迷人圆领衫
014 秀美双排扣衫
015 端庄长袖衫
016 别致中袖衫
017 青春时尚毛领衫
018 高雅大翻领衫
019 柔美连帽衫
020 休闲敞领衫
021 时髦中袖衫
022 靓丽动感翻领衫
023 V 领束腰纽扣衫
024 创意短袖衫
025 个性竖领纽扣衫
026 风情短袖衫
027 魅力圆领衫
028 浪漫蝙蝠衫
029 率真中袖衫
030 洒脱自然敞领衫
031 异国风情短袖衫
032 文静 V 领花纹衫
033 潮流束腰衫
034 素雅蝙蝠衫
035 可爱无袖衫
036 娴雅翻领衫
037 高雅宽袖衫
038 V 领束带衫
039 简约短袖衫
040 娇俏无袖衫
041 都市佳人纽扣衫
042 靓丽条纹衫
043 舒适文雅长袖衫
044 熟女长袖衫

045 炫丽彩色长袖衫
046 暖意长袖衫
047 浅灰纽扣衫
048 大气 V 领长袖衫
049 休闲蝙蝠衫
050 活力运动衫
051 乖巧纽扣衫
052 居家 V 领无袖衫
053 中性长袖衫
054 裙摆式长袖衫
055 典雅翻领衫
056 热情大 V 领衫
057 塑身低领长衫
058 性感深圆领衫
059 深 V 领长袖衫
060 彩色个性套衫
061 俏丽无袖衫
062 玲珑小领衫
063 前卫网状衫
064 温馨荷叶领衫
065 清新长袖衫
066 特色纽扣衫
067 迷人情调大翻领衫
068 邻家女短袖衫
069 娇美小 V 领衫
070 粉色公主衫
071 镂空 V 领衫
072 青春靓丽套衫
073 金色淑女套衫
074 可人翻领衫
075 淡雅长袖套衫
076 随性时尚套衫
077 温柔小卷领衫
078 俏丽花边套衫
079 娇羞淑女套衫
080 甜蜜蝴蝶式套衫

081~170 制作图解

编织前必学的入门知识

基本的织片连接

下针连接

连接有很多种方法，连接部分既有带伸缩性的，也有不带伸缩性的。无论哪一种，只有把两片织物针对针摆放整齐，才能把它连接得美观、大方。

两织片皆穿有棒针时

因织的方向不同，虽错开半针，但伸缩性好，所以连接部分不外露。连接时，注意把针大小配合好。

❶ 用缝针从上面织片的第一针由后向前抽出线。

❷ 折回下面织片第一针，从前面插针，再由第二针后面向前抽出。

❸ 从后面第一针前面插针，再由第二针后面向前抽出。

❹ 重复步骤❷和❸。

已收针的两片织片的连接

此方法有连接部分较厚的缺点，但在条纹或花样连接时用比较合适。

❶ 从前织片的第一针背面穿针，再从后织片第一针的背面向正面抽针。

❷ 在后织片上挑2针，尽量连接下针。

反针连接时，尽量注意使连接部分不露在外面，这样连接后的效果与织上针的里面完全相同。所以，连接时要比较两边针的大小，才可连接整齐。

① 从后织片第一针前面插针。

② 从前片第一行的后面插针，再由第二针前面向后抽出。

③ 往后片的边缘针里插入针，由第二针后面向前抽出。

④ 重复步骤②和③。

单罗纹针连接

织袖口或衣襟时，使用单罗纹针很方便。要尽量使连接针不外露，注意松紧的程度。

① 把线穿过第二行，做一针，收边。

② 从后片的第一针前面插针，再由第二针后面向前抽出。

③ 折回前片的第一针，从前面插针，再由第二针的前面向后抽出。

④ 从后片第二针后面，再由第三针前面向后抽出。折回前面的第二针后，由后向前抽出。

⑤ 由前片第三针后面向前抽针，重复步骤②～④。

⑥ 完成后的形状。

上下针连接

织上针处尽量以下针连接，织下针处尽量以里针连接。上针容易错开，在连接时要格外注意。

① 从后片（下针）的第一针由前向后抽针。

② 折回前片（上针）的第一针，从前面插针，由第二针后面向前抽出。

❸ 从后片（下针）第一针的后面抽出，再由第二针前面向后抽出。

❹ 重复步骤❷和❸，前片尽量以下针、后片以上针连接。

上针与单罗纹针连接

因上针与单罗纹针的伸缩性不同，所以要尽量注意片与片之间均匀对齐，不要过紧或过松。

❶ 从后片（平面针法）前面向后插针，折回前片（单罗纹针）第一针，由前向后抽针，再由第二针前面向后抽针。

❷ 折回后片（上针）第一针，从前面插针，由第二针后面向前抽出。

❸ 折回前片（单罗纹针）的第二针，从后面插针，再由第三针的后面向前抽出。

❹ 重复步骤❷和❸，后片尽量以上针、前片尽量以单罗纹针连接。

斜线连接

把两个织片以正面拼在一起，尽量以前片为上针交替着一针一针连接。

❶ 两个织物以反面拼在一起，把钩针插进第一针，挂线勾出来。

❷ 把两边的第二针与开始的一针一起勾出。

❸ 与步骤②一样抽出线，以织短针的方法翻过来。

用棒针引拔连接

❶ 两个织物以反面拼在一起，按照箭头方向插针。

❷ 用下针织，按照箭头方向抽出线。

❸ 用与步骤①和②一样的方法织，成2针时以翻过来的方法织。以同样的方法反复。

针与行的连接

❶ 如图在后片的第一针里向后插针。

❷ 折回前片第一针，从前面插针，再从第二针后面向前抽出。

❸ 然后织第一针与第二针之间的线，连接，使针与行搭配均衡。

清纯高领短袖衫

时尚的高圆领, 宽松的衣袖,
腰间的蝴蝶结系带, 无不体
现着女性的清纯自然。

做法: P081

气质翻领拉链衫

大翻领的设计犹如一只飞翔的燕尾蝶，华丽迷人；中间
金属质地的拉链，更让人体会到衣服的大气和端庄。

做法：P082~083

009

俏皮纽扣衫

黑白花纹交错，再搭配宽松的袖口设计，更添几分俏皮感。

做法：P083~084

明媚修身衫

低圆领加上束腰的设计，更能展示女子曼妙的身姿。

做法：P084~085

知性优雅中袖衫

低调的黑色更能衬托出女性的优雅与风韵。

做法：P086~087

迷人圆领衫

蝙蝠式的衣袖，配以经典的
黑色，悄然散发出女性妩媚
迷人的气息。

做法：P088

秀美双排扣衫

衣服上 4 枚纽扣，犹如两双美丽的眸子，
独特的创意，让人眼前一亮，整款衣服
凸显出一种个性美。

做法：P089

端庄长袖衫

喇叭形的衣袖，加上双排扣的点缀，让女性更加的端庄自然、气质非凡。

做法：P090~091

别致中袖衫

浅灰色的精致编织，搭配边缘
纽扣的设计，恰到好处地展现
出这款衣服的特别之处。

做法：P091~092

青春时尚毛领衫

粗线的编织造型，展现出女性青春的风采，绒毛的衣领和金属质地的拉链，更添几分时尚的气息。

做法：P093~094

高雅大翻领衫

高雅的大翻领，宽松的裙摆式设计，穿在身上让人感觉轻松自如，舒适惬意。

做法：P094~095

柔美连帽衫

衣服上深大的 V 领、可爱精致的口袋、赏心悦目的花式纽扣，加上大方时尚的连衣帽，彰显出女性的娇俏柔美。

做法：P096~097

休闲敞领衫

柔软的敞领，网状的设计，更显
休闲清爽、潇洒飘逸。

做法：P098

时髦中袖衫

大翻领及宽松的衣身设计，很好展示出女人的张扬个性与时髦风采。

做法：P099

靓丽动感翻领衫

抢眼的橙色加之敞开的
翻领，很快地让你成为
人群中的一大亮点。

做法：P100

V 领束腰纽扣衫

V 形的领口、修身的束腰设计、黑色的纽扣
加上精致花纹的分布，穿上它，一定让你瞬
间变得美丽动人。

做法：P101

创意短袖衫

西式风格的衣领，衣摆巧妙地挖空，独特的创意让人爱不释手。

　　　做法：P102~103

个性竖领纽扣衫

宽松的设计散发十足的个性，深色
更能展现出女性的成熟魅力。

做法：P103～104

风情短袖衫

丝滑的质地，时尚的款式，蕴含着浪漫的风情，让身边的人都为你的一举一动而陶醉。

做法：P104~105

魅力圆领衫

紫色代表着优雅、魅力，更象征着虔诚、纯洁，紫色是百搭的色彩，紫色的毛衣自然能赢得成熟女性的喜爱。

做法：P105~106

浪漫蝙蝠衫

款式新颖独特，风格时尚浪漫，让人很快就被你耀眼的光彩所吸引。

做法：P107

率真中袖衫

衣服上链形的花纹时尚
独特，很好地展现出女
性率真的性格。

做法：P108

洒脱自然敞领衫

大方自然的敞领，加上背后的Ｖ形设计，十分巧妙地展示出女性无拘无束的洒脱性情。

做法：P109

异国风情短袖衫

穿上它让你换一种异国风情的体验，有点张扬却不夸张，精致的花纹点缀更为此款毛衣增添几分魅力色彩。

做法：P110

031

文静 V 领花纹衫

对称式的花纹设计，简约的编织样式，与女子的温柔文静有了更好的呼应。

做法：P111

潮流束腰衫

束腰的长衫能很好地展示出女性的婀娜多姿、气质动人，变换的花纹也包含着其可爱动人的另一面。

做法：P112~113

素雅蝙蝠衫

素雅的蝙蝠衫清纯婉约，你的一颦一笑都能让人为之心动。

做法：P113~114

可爱无袖衫

周末想为自己换个好心情时，它会成为你的绝妙选择。穿上它，将在众人面前展示出一个甜美可人、活力十足的你。

做法：P114~115

娴雅翻领衫

这款棕色的毛衣就很好地展示出女性感情细腻的一面，为自己生活营造一种优雅的氛围。

做法：P115~116

高雅宽袖衫

衣身独特的花纹、宽松自如的袖口设计，
为众人展示了女子如花如诗的美丽。

做法：P117~118

V 领束带衫

休闲的款式，色彩、花式的独特组合，让毛衣整体的感觉更加活泼、有跳跃感。

做法：P118

简约短袖衫

简约的款式、淡雅的颜色更能衬托出女子的自然脱俗、清新出众。

做法：P119

娇俏无袖衫

小巧的衣身设计，犹
如一个轻盈飘逸的女
子，展示她娇俏、典
雅的风姿。

做法：P120

都市佳人纽扣衫

淡雅自然、纯净浪漫，更能显示出都市佳人的不凡气质。

做法：P121

靓丽条纹衫

灰色与条纹的搭配不仅给人独特的视觉感，而且还可以让你身材更显瘦哦。

做法：P122

舒适文雅长袖衫

你是否经常为找不到展示自己好身材的衣服而烦恼，那就试试它吧。修身的款式，巧妙地配上神秘的紫色，你的完美曲线和成熟的气质尽显无遗。

做法：P123

熟女长袖衫

低调的棕灰色，长条花纹的排列，彰显出女性干练、沉稳的性格特点。

做法：P124

炫丽彩色长袖衫

斑斓的色彩和有规律的条纹搭配，就像是为这个季节编织的一道迷人的彩虹，温暖而美好。

做法：P125

暖意长袖衫

简单的款式、流畅的
编织、精致的做工、
特别的选材，它在冬
天给你带来的温暖可
是你意想不到的哦。

做法：P126

浅灰纽扣衫

没有颜色的渲染，也没有夸张的设计，这款简约而实用的毛衣，却让人感觉到一丝温馨、一丝感动。

做法：P127

大气Ｖ领长袖衫

脱去规矩的工作服，换上
这款随性、简洁的长毛衣，
出去走走散散心，也是一
种不错的选择哦。

做法：P128

休闲蝙蝠衫

色彩亮丽的大蝙蝠衫，会衬托出
一个自信而美丽的你。

做法：P129

活力运动衫

也许不一定要出去买一件价格
不菲的运动服哦，你也可以自
己动手，编织一件像这样特别
的、充满活力的运动衫，相信
你会更有成就感的。

做法：P130

乖巧纽扣衫

小巧的衣身编织，搭配黑色的纽扣，非常适合身材娇小的女性。

做法：P131

居家 V 领无袖衫

简单的款式设计很适合居家穿着，更加自在、惬意。

做法：P132

中性长袖衫

中性的款式设计虽然有点简洁，
但是更能衬托出女性精明能干
的个性。

做法：P133

裙摆式长袖衫

舒服的面料，宽松的仿裙摆式
设计，让低调的灰色中涌现出
几分可爱。

做法：P134

典雅翻领衫

典雅大方的红色毛衣，时刻都散发着浓浓的女人味。

做法：P135

热情大V领衫

大V领、红色、菱形图案，这
些无疑都是时尚元素的代表，
在你百变的衣橱里，这款色彩
艳丽的红色毛衣应该能成为你
的搭配新宠吧。

做法：P136

塑身低领长衫

贴身的样式，低领的设计，将
女性的曲线完美地展现出来。

做法：P137

性感深圆领衫

深圆领的构思设计，很好地将
女性性感的锁骨展示出来，女
人味十足。

做法：P138

深 V 领长袖衫

深 V 的领口，时尚简洁的款式，流畅的线条感，穿上它，彰显出东方女性的含蓄与动人。

做法：P139

彩色个性套衫

层次分明的线条，不张扬的
色彩，外衫长袖、内衫吊带
的设计，使得这款毛衣更加
有特色，它们还可以单独搭
配，实用而有个性。

做法：P140

俏丽无袖衫

生动的蓝色搭配热情的红色，使
人显得妩媚、俏丽。

做法：P141~142

玲珑小领衫

深色小巧的衣身，搭配黑色的底衫，能很好地衬托出女性的玲珑身姿。

做法：P142~143

前卫网状衫

款式前卫、时尚，衣服上的口袋
设计，显得更加生动、俏皮。

做法：P144~145

温馨荷叶领衫

看多了满大街华丽百变的现代服饰，不妨细心去留意一下那些传统服饰不曾褪色的细节魅力。此款温馨的毛衣，就很好地诠释出女性心灵的澄澈与谦和质朴的性情。

做法：P145~146

清新长袖衫

衣前身两朵花的创意，很巧妙地打破了整体的呆板感觉，使得毛衣的风格更加轻盈活泼。

做法：P147~148

特色纽扣衫

不规则的纽扣分布使毛衣的设
计产生一种微妙的韵律感。

做法：P148~149

迷人情调大翻领衫

大翻领的大气样式，衬托出女性迷人的浪漫情调。

做法：P149~150

邻家女短袖衫

双色的搭配，简单的图案，散发出
邻家女纯朴自然的味道。

做法：P150~151

娇美小 V 领衫

蜂窝式的镂空设计，菱形图案的排列，不经意间多了几分生动的跳跃感。

做法：P152~153

粉色公主衫

穿上它，你就像一个甜美
脱俗、惹人喜欢的小公主。

做法：P153~154

镂空 V 领衫

轻薄的选料、棕色镂空的设计很好地展示出女性纤细的腰肢，映衬出女性的温柔秀丽、仪态万方。

做法：P155~156

青春靓丽套衫

简单的编织款式，却更能展示出
女性的青春靓丽、活力四射。

做法：P156~157

金色淑女套衫

醒目的金黄色，似乎看到了春天油菜花盛放的美景，如诗如画，美不胜收。

做法：P158~159

可人翻领衫

明丽的色彩，镂空的朦胧效果，
让人为之心动。

做法：P159~160

淡雅长袖套衫

淡雅的颜色更好地展示出女性的清秀优雅，美丽脱俗。

做法：P161~162

随性时尚套衫

没有特色花纹的点缀，没有色彩的精心搭配，却能衬托出女人的天生丽质，随性纯真。

做法：P162~163

温柔小卷领衫

简单的款式，舒服的线条，凸显
冬日女性的柔和之美。

做法：P164

俏丽花边套衫

精致的钩边设计，加上象征着活力和
希望的金黄色，让人感觉憧憬无限。

做法：P165~166

娇羞淑女套衫

轻盈材质让熟女们看起来更加温柔婉约，那一低头的温柔，像一朵水莲花不胜凉风的娇羞。

做法：P167~168

甜蜜蝴蝶式套衫

纯纯的粉色系，初恋般的甜蜜，
穿上它，如同描绘着青春的色彩，
演绎出女孩的青涩动人。

做法：P169~170